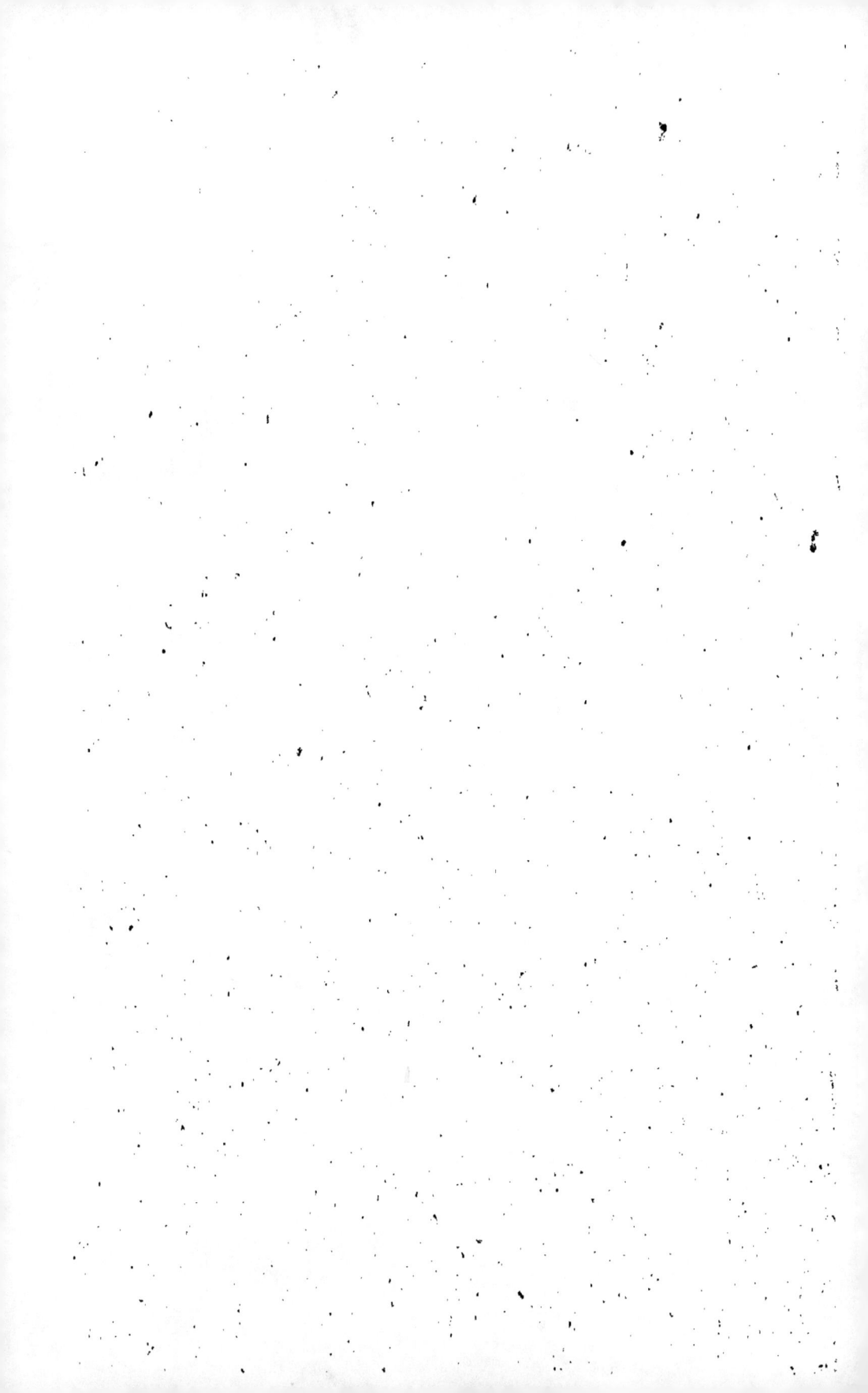

REPLIQUE

A

LA QUERELLE

DES AUTEURS

Sur le commencement du Siecle
prochain.

REPLIQUE

A

LA QUERELLE

DES AUTEURS

Sur le Commencement du Siecle prochain.

LE Titre specieux qu'on a mis à la tête des Entretiens sur cette matiere, faisoit esperer d'abord qu'on alloit voir les fondemens & les raisons des Auteurs partagez sur cette question ; & on ne s'attendoit pas que celuy qui vouloit bien prendre la peine de ramasser leurs sentimens opposez , dût se declarer , à moins qu'il n'ait eu dessein de terminer la dispute. Mais pour cela il faloit battre en ruine l'opinion qui tient que l'an mil sept cent sera la premiere du Siecle prochain : il ne paroît pas tout-à-fait que cela soit.

On s'apperçoit bien qu'Antonin tâche

A

faire sa cause bonne, apportant quelques raisons qui favorisent ce sentiment : mais il en a oublié quelques-unes qui peut-être ne sont pas les plus foibles, & qui ne gâteroient rien. On le loüe de sa moderation à l'égard de ses antagonistes ; il seroit à souhaiter que Leonore, Evariste & Cliton qui conferent avec luy separément, l'eussent suivi en cela : il s'en faut quelque chose. Car tantôt ils accusent ceux qui tiennent pour mil sept cent, d'examiner les choses avec grande précipitation, & de donner souvent dans le faux ; tantôt ils les font passer pour des entêtez qui cherchent des raisons, moins pour faire connoître la verité, que pour montrer que la verité est dans l'opinion qu'ils suivent : & tantôt ils decident que les raisons des Auteurs sont peu solides.

Au reste on a lieu d'admirer la prudence de l'Auteur de cette Piece intitulée, *la Querelle*, &c. il a choisi fort à propos le bon Antonin pour aggresseur, & luy met de foibles armes entre les mains, afin que Cliton, Evariste & Leonore le repoussent vigoureusement : en effet ce seroit imprudence de faire l'objection plus forte que la réponse.

Voicy quelques remarques que j'ay faites sur les Entretiens en particulier, qui pourront fortifier l'opinion qui se declare pour 1700, & serviront de réponse à ce qu'on peut objecter contre.

Remarques sur le premier Entretien entre Antonin & Leonore.

LEonore qui tient pour mil sept cent-un, est si prévenu de son sentiment (page 3.) qu'il doute qu'on puisse trouver beaucoup de gens qui soient de l'autre opinion; il ne sçait même comment on a pû mettre cette question en dispute, & il est tres-surpris d'entendre dire à Antonin qu'elle a donné lieu à une infinité de gageûres. Cependant il me permettra de luy dire avec tout son étonnement, que les sentimens sont assez divisez, & que s'il faut douter veritablement pour gager avec seureté de conscience, il n'est gueres de matieres, où la gageûre soit plus permise.

Leonore (page 4.) entendant dire que quelques personnes ont pris le parti de consulter la Cour de Rome pour en avoir la decision, demande quel rapport cette question peut avoir avec la Religion : & que c'est faire injure à l'Eglise, qui est sainte, ajoûte-t-il, de la consulter sur des choses aussi frivoles, & qui appartiennent entierement aux sciences profanes.

Qui doute, à la reserve de Leonore, que cette question n'ait du rapport avec la Religion, puis qu'elle tire son origine du moment de la naissance de Jesus-Christ? Les sciences profanes n'en dépendent aucunement : & compte-t-on pour rien l'Hi-

ftoire de l'Eglife diftinguée par les fiecles ?
Si l'Auteur du Traité des Etudes Monafti-
ques avoit regardé cette fcience comme
frivole & inutile, il n'auroit pas mis à la
fin de fon Ouvrage une lifte des principales difficultez qui fe rencontrent dans la
lecture des Conciles, des Peres, & de
l'Hiftoire Ecclefiaftique par ordre des fiecles : il les parcoure tous les uns aprés les
autres : c'eft au 2. Tome in 12. pag. 198.

Il eft vray que dés qu'Antonin luy parle
de Jubilé, il revient à foy & il confeffe
que la difpute peut avoir fon utilité : c'eft
beaucoup qu'en fi peu de tems il foit re-
venu de fi loin. Mais Antonin luy ayant
dit qu'on s'informera à Rome fi le Jubilé
de l'Année fainte fe donne ou pour bien
commencer ou pour bien finir le fiecle,
Leonore répond qu'il n'eft pas befoin de
confulter Rome, & il décide fouveraine-
ment, que ce Jubilé eft donné pour la derniere année de chaque fiecle.

Quelques Auteurs avoient dit que le
Iubilé avoit efté fixé d'abord au commencement du fiecle pour attirer les graces &
les benedictions du Ciel. Leonore qui ne
veut pas que 1700 foit le commencement
du fiecle prochain, & qui croit d'ailleurs
que c'eft l'Année fainte, eft contraint de
dire pour foûtenir toûjours fon opinion,
que le Iubilé fe donne à la derniere année du fiecle. Comme l'une & l'autre rai-

son n'est que de convenance, celle de Leonore pourroit passer, mais voicy un pe-
tit inconvenient, c'est que l'Année sainte
vient presentement tous les vingt-cinq
ans, & celuy de vingt-cinq a la même ver-
tu que celuy de cent : & cette vingt-cin-
cinquiéme année n'est ny le commencement ny la fin du siecle, non, mais il
pourroit dire que ce Iubilé est pour obtenir la remission des pechez commis depuis celuy de l'Année sainte en 1675. Il
ajoûte que le Iubilé nous est donné pour
nous disposer à bien commencer le siecle
prochain. Il faut donc selon luy un an ou
peut s'en faut pour nous disposer, c'en est
bien assez.

Malgré qu'il en ait, il faut l'envoyer à
Rome, sa raison ne vau rien par tout
ailleurs. Car ce n'est qu'à Rome que le
Iubilé est ouvert en 1700, & s'il n'est donné à la fin du siecle que pour obtenir le
pardon des pechez commis dans ce même
siecle, il ne le peut gagner qu'à Rome :
il ne sera par tout le monde Chrétien
que l'année suivante, c'est-à-dire en mil
sept cent un, qui de l'aveu de tout le
monde, sera du nouveau siecle. Donc Leonore faisant son Iubilé en ces quartiers,
ne pourra le faire que dans le siecle prochain, il sera donc donné à son égard,
& contre ses decisions, il sera donné pour
demander pardon des pechez commis dans
le siecle passé.　　　　　A iij

le fondement de la raifon de Leonore, c'eft que le Iubilé eft une amniftie generale de toutes les dettes paffées ; fuit-il de là que le Iubilé doive être à la derniere année du fiecle, comme fi les dettes du fiecle précedent étoient moins paffées à l'égard du nouveau.

Comme cette raifon ne fatisfait point Antonin, qui fait quelquefois le difficile, quelque penchant qu'il ait à fe laiffer aller, Leonore luy en fournit une autre, fçavoir queUrbain VIII.(*on a voulu dire Boniface VIII.*) inftitua le Iubilé l'an 1300, & ordonna qu'on feroit toutes les centiémes années jubilaires ; (& voici ce qu'il ajoûte.) Or toutes les années centiémes font les dernieres du fiecle : *les années centiémes commencées*, oüy, autrement les quatre-vingt-dix-neuviémes : *les centiémes finies*, non : car ce font les premieres du fiecle nouveau. Donc le Iubilé que nous aurons en mil fept cent, fera donné pour la derniere année du fiecle ; c'eft ce que nous nions, & ce qu'il devroit prouver : loin de le faire il élude la queftion , en demandant à fon Antonin, fi Bias fon ancien amy a connoiffance de la gageûre que luy Antonin a faite ; cela ne paroiffoit pas fort neceffaire, mais c'eft pour égayer la matiere , & pour finir agreablement le premier Entretien.

Remarques ſur le ſecond Entretien entre Antonin & Evariſte.

EVariſte (page 7) dit à Antonin, puiſqu'il vouloit gager ſur le commencement du Siécle, qu'il auroit bien mieux fait d'être pour l'an mil ſept cent un. Pourquoy cela ? voicy la raiſon. Il faut dix-ſept cens ans pour faire un ſiecle. (Nous en convenons.) Dix-ſept cens ans ne ſont pas finis lors qu'on commence l'an dix-ſept cent. Cela eſt vray ; car l'an mil ſept cent commence, ou pour mieux dire, eſt commencé au premier Janvier 1699. Suit-il de là qu'Antonin ait perdu ? Non. Parce que c'eſt l'an mil ſept cent qui courre, & qui ſera fini, quand on commencera à le compter.

Cependant Evariſte s'applaudit, comme s'il avoit apporté la raiſon la plus forte & la plus convaincante. C'eſt en cet endroit qu'il dit que les hommes donnent ſouvent dans le faux, parce qu'ils examinent les choſes avec trop de précipitation. Ne pouroit-on point luy repartir qu'il a non pas examiné, parce qu'à mon ſens, examen & tres-grande précipitation ne conviennent gueres, mais qu'il a parcouru peut-être un peu trop vîte les Diſſertations ſur cette matiere ; & que s'il ne les avoit pas leuës avec tant de précipitation, peut-être auroit-il trouvé que les Auteurs n'ont pas tant donné dans le faux ; mais quoy ? chacun eſt en-

A iiij

tefté de fon opinion, & cela eft affez par-
donnable. Je juge des autres par moy-
même, on connoîtra de refte que j'incline
fort pour 1700. La Réponfe à la premiere
Differtation, & la nouvelle m'y ont fortifié
cependant je puis dire que j'examine l'o-
pinion contraire, fans beaucoup de pré-
vention.

Un peu plus bas (page 8.) il croit avoir
trouvé le veritable défaut de ceux qui fe dé-
clarent pour l'an 1700. c'eft qu'ils con-
fondent, dit-il, l'an 1700. avec dix-fept
cens ans. Il fe trompe en ce qu'il croit que
l'année qu'on comptera mil fept cent, fera
l'année courante. Souvent il y a de l'équivoque dans nos manieres de parler, qu'il
faut éviter fi l'on fe veut bien entendre. Je
m'explique. Quand on dit, l'an 1699. pro-
met beaucoup, ce tems fe prend pour cet in-
tervalle de tems qui coûle depuis le premier
Janvier paffé; mais quoy qu'il foit appellé
l'an mil fix cent quatre-vingt-dix-neuf ou
quatre-vingt-dix-neuviéme, c'eft le centiéme qui court; ainfi dés que l'on comptera l'an 1700, cet an étant achevé,
l'an 1700, & dix-fept cens ans feront la
même chofe. Les Auteurs qui fuivent ce
fentiment, me paroiffent l'avoir prouvé
affez nettement. Evarifte n'a pas jugé à
propos d'en rien dire icy.

Mais avec fa permiffion, la comparaifon que fait Antonin des Louïs d'or avec

les années n'eſt pas défectueuſe en tout.
Toute comparaiſon cloche, dit-on, il eſt
certain qu'il y a cent Louïs d'or ſur une
table, quand on en a mis un à chaque fois
qu'on a compté, un, deux, trois, &c. cent.
De même, comme je ne compte en fait
d'années & de ſiecles, comme je ne compte un qu'aprés douze mois, & deux qu'a-
prés douze autres mois, il ſuit que quand
je compte cent, le nombre ſe trouve incluſivement.

Je ne diſconviens pas que quelquefois,
on ne compte l'année quand elle n'eſt pas
finie : par exemple un Hiſtorien dira. J'ſus-
Chriſt fut preſenté au Temple la première
année de ſa naiſſance ; cette année n'étoit
pourtant pas achevée, puiſqu'il n'y avoit
pas deux mois. C'eſt une équivoque qu'on
devroit éviter ajoûtant *dans la premiere
année*, ce que le Latin exprime par ce mot.
intra primum annum. Mais je dis qu'en fait
de Chronologie exacte on ne compte un,
par exemple le premier an de l'Ere Chrétienne, qu'aprés douze mois.

Il eſt donc de nôtre prudence de prendre
garde aux équivoques de nôtre langue, &
de ſçavoir diſcerner où il faut prendre un
an pour commencé, & ou, pour achevé.
Que, dis-je, nôtre Langue n'eſt pas la
ſeule qui ſoit ſujette à ces équivoques. La
Latine n'en manque pas non plus. Veut-
elle exprimer qu'un homme eſt mort à

cent ans, je dis, ayant cent ans. Voici ses expressions : *Obiit annos natus centum*, ou bien, *Anno ætatis suæ centesimo*, ou enfin, *Annum centesimum agens*. On pourroit néanmoins traduire ces deux dernieres en ces termes, il est mort à sa centiéme année. Ce mot *centiéme* ne se prend donc pas toûjours pour l'année seulement commencée, puisque dans le Latin elle exprime en cet endroit la centiéme accomplie. Et c'est à quoy on prie ceux qui distinguent entre cent ans, & centiéme année de vouloir faire attention.

Remarques sur le troisiéme Entretien entre Antonin & Cliton.

JE laisse le commencement de l'entretien, & la dispute des liards, c'est à dire quand les doubles devinrent liards ; si l'on y gagna la moitié ou le tiers seulement. Je vois nôtre Antonin (page 12.) soûtenir d'un air assez ferme que les douze mois qui composent l'année, sont revolus, quand on commence à la compter, ainsi quand nous disons 1699. les douze mois de cette année ont été révolus au 1. de Janvier dernier.

Cliton entreprend de le desabuser par des exemples sensibles : Je ne vois pas qu'ils soient suffisans, ce qui me fait juger que sa force, je parle d'Antonin, n'étoit qu'apparente, & qu'il est trop facile à se laisser persuader.

L'un de ces exemples se prend des pages d'un livre que Cliton compare aux années. La comparaison peut passer en un sens, & c'est dans ce sens qu'elle est contraire à Cliton qui la propose, & favorable à Antonin. Cliton objecte pour faire valoir sa comparaison. Vous dites *page 1. page 2.* dés le commencement de la page: Et vous dites de même, l'an 1. l'an 2. dés le commencement de l'année. Et on ne dit point 4. *pages* & 4. *ans* que la quatriéme page ne soit complette, & la 4. année finie.

J'ay déja repondu à cette difficulté que quelquefois l'année se prend pour toute l'étenduë des douze mois, & non pour la fin : comme quand on dit un tel est né en 1660. c'est dans le cours de cette année-là qu'il est né, & il se peut faire que ce soit dés les premiers jours, ou dés les premiers mois ; & la proposition est toûjours vraie dans toute l'étenduë de l'année.

Il faut dire le méme du 15. Janvier, autre exemple apporté par Cliton pour desabuser Antonin, le 15. jour n'est pas passé pour cela ; on en convient. Mais quand on dit selon la Chronologie l'an 1. l'an 2. l'an 100. cela s'entend de l'année complette, parce qu'on ne compte un qu'aprés 12. mois, & cent qu'aprés cent années révoluës. Ce n'est pas de même d'une page : on dit 1. page ou page 1. parce qu'il n'y a rien qui precede cette premiere page,

& dont elle refulte. Quoi qu'à parler cor-
rectement une page fuppofe toutes les
les lignes qui la compofent, comme un
an fuppofe 12. mois, & de même qu'un
enfant n'a un an qu'aprés 12. mois ; un
homme ne peut pas dire avoir lu la premiere page d'un livre qu'il n'ait lu toutes les lignes qui la compofent : cette comparaifon
dans ce fens ne fait-elle pas pour Antonin.

Cliton pretend (page 13.) qu'il y a une
groffe difference entre quatre-vingt dix-
neuf ans, & l'an quatre-vingt dix-neuf,
ou quatre-vingt dix-neuviéme. J'ay déja
infinué que c'eft la même chofe au fujet
que nous traitons ; rien n'eft plus incon-
teftable, s'il eft vray que dés que nous
avons commencé à compter & à chiffrer
99. les quatre-vingt dix-neuf ans ont été
accomplis.

Un des Auteurs pour la 1700. comme
premiere du fiecle prochain, l'a fait voir
affez clairement dans fa Réponfe à la premiere Differtation, à quoy on peut ajoûter, pour prouver que quand on compte
un ou *l'an* 1. cet an eft accompli, on peut
dis-je, ajoûter l'expreffion Latine. *Anno*
à partu Virginis 1. l'an 1. depuis l'enfan-
tement de la Vierge. On eft entré dans
l'année de la naiffance de Jefus-Chrift dés
le premier jour qu'il naift, puifque ce jour
& l'heure même de la naiffance entre dans
la compofition de cette premiére année :

Est-ce parler juste que de dire dés le premier jour de la naiſſance de Jeſus-Chriſt,
que c'eſt l'an premier depuis ſa naiſſance ;
cette maniere de s'énoncer ſuppoſe donc
un an entier. Or c'eſt ainſi que les Chro-
nologiſtes citent les années, c'eſt ainſi
que les Sçavans dattent. On ne commence donc à compter un an ſelon l'Ere Chrétienne, que quand il eſt accompli ; donc
quand on compte 99. cet an l'eſt pareil-
lement.

L'Objection qu'Antonin tire de la table
des Lettres Dominicales de ce ſiecle, la-
quelle table finit à 1700. excluſivement, me
paroit foible ; c'eſt peut-être, parce que la
page n'étoit point aſſez longue pour éten-
dre plus loin cette table, que l'Imprimeur
n'a pas paſſé outre : & en effet comme on
en trouve de pareilles au commencement
des Breviaires, j'en ai conſulté un imprimé
en 1680. dont la table des Lettres Dominicales & des Feſtes Mobiles s'étend juſqu'à
1714. incluſivement ; je croi donc que cela
eſt fort arbitraire.

Cliton y répond autrement, j'avouë que
je ne comprends pas bien ſa Réponſe. Pourquoy l'Imprimeur ou le Libraire n'a-t'il pas
inſeré 1700. dans ſa table ? C'eſt, dit Cliton,
parce qu'on retranche un Biſſexte en 1700.
& moy je dis qu'il n'y avoit qu'à mettre
une ſeule Lettre Dominicale en cette année-là, comme elle eſt effectivement dans

le Breviaire que j'ai cité. C'eſt le C, au lieu que s'il y avoit un Biſſexte, on en auroit mis deux: comme il y avoit en mil ſix cent quatre-vingt-ſeize A G, & qu'il y aura en mil ſept cent quatre F, E; mais que fait cet an biſſextil à la queſtion? Toute la difficulté eſt d'un an, plus ou moins, pour le commencement du ſiecle, ſi ce ſera en mil ſept cent ou mil ſept cent un: & tous les Biſſextes d'un ſiécle entier ne font au plus que vingt-cinq jours davantage.

Remarques ſur le quatrieme Entretien entre Leonore & Antonin.

ON n'eſt pas autrement ſurpris qu'Antonin ne ſoit pas ſatisfait de la déciſion de l'Auteur de la Diſſertation ſur le commencement du Siecle prochain; elle ne favoriſe pas ſon opinion, en faut-il davantage? cependant il avouë trop (page 16.) & ceux de ſon parti ne l'approuvent pas. Je ſçais bien, dit-il, qu'on ne dit point qu'un homme ait trente ans qu'ils ne ſoient accomplis: il ſe trompe, j'ai déja fait obſerver que l'expreſſion latine y eſt contraire; ſuppoſé qu'il n'ait que trente ans commencez, & entré qu'il ſera dans ſa trentiéme année, on dira *anno ætatis ſuæ trigeſimo*, l'an trentiéme de ſon âge : & par ces mêmes termes j'expliquerai les trente ans accomplis. Donc ce trentiéme,

& ainsi des autres adjectifs est équivoque : & quand on dit qu'un homme a trente ans, on peut entendre de trente ans commencez, quoique je confesse qu'il est plus naturel de l'expliquer des années finies : & par application à nôtre sujet cet adjectif se prend quelquefois pour le commencement ou du moins ne suppose pas la fin d'un temps, comme quand on dit *le premier Janvier*, ce qui s'étend à toute la journée, ou *la premiere année* à tous les douze mois, & d'autres fois il se prend pour le temps expiré, comme l'an mil sept cent, pour le siécle dix-septiéme complet.

J'éclaircis ceci par d'autres autoritez. Le Concile de Trente exige vingt-cinq ans pour la Prêtrise : sont-ce vingt-cinq ans accomplis ? non, mais commencez ; en sorte que vingt quatre ans & un jour suffisent. On diroit que le Latin favorise l'opinion contraire : *Nullus ad Presbyteratum ante vigesimum quintum ætatis suæ annum promoveatur.* Que personne ne soit admis à la Prêtrise avant la vingt-cinquiéme année. On ne manquera pas de dire qu'on est dans la vingt-cinquiéme année, dés qu'on a vingt-quatre ans accomplis ; & que par conséquent il y a de la différence entre la vingt-cinquiéme année & vingt-cinq ans ; n'ai-je pas dit aussi par avance que ce tour de phrase favorisoit ceux qui ne veulent pas qu'on confonde dix-sept cens ans avec l'an mil sept centiéme.

Mais je fais voir à mon tour que cette phrase latine renferme ces deux sens. Car n'est-il pas permis de traduire ainsi ces paroles du Concile ? Que personne ne soit admis à la Prêtrise avant vingt-cinq ans. Donc ce terme vingt-cinquième en latin comme en françois a différentes significations : tantôt il se prend pour l'année courante, & tantôt pour l'année finie, j'en ai produit un exemple où l'adjectif se prend pour l'année courante, en voici un pour l'année finie : il est tiré du même Concile. Seff. 23. ch. 6. il défend la possession des Benefices avant l'âge de quatorze ans, il ne dit pas *ante quatuordecim annos*, cela souffriroit moins de difficulté, mais *ante decimum quartum annum*, avant la quatorzième année : où il faut remarquer que *vingt-cinquième* se prend pour l'année commencée, & *quatorzième* pour l'année finie. Donc, quoiqu'en dise Leon. page 17. lorsque je dis, nous sommes en l'année 1699 de Jesus-Christ, ou depuis Jesus-Christ, cette six cent quatre-vingt dix-neuvième est complete, & en un mot il y a mil six cent quatre-vingt dix-neuf ans d'écoulez depuis la naissance de Jesus-Christ jusqu'au premier Janvier dernier.

Il seroit inutile d'examiner plusieurs autres expressions latines, on seroit obligé de rebattre la même chose, sçavoir qu'elles souffrent double sens. Comme quand

S. Marc deſigne les approches de la mort de Jeſus-Chriſt ſelon nôtre Vulgate. *Hora nona exclamavit.* Quelques-uns traduiſent, *il s'écria à la neuviéme heure*, d'autres *à neuf heures*, c'eſt à dire à trois heures du ſoir, parce que la ſixiéme heure parmi les Juifs étoit nôtre midy. Selon la premiere traduction cette neuviéme heure ſe prend pour le nombre ordinal qui n'eſt point achevé, car crier à la neuviéme heure, en ce ſens c'eſt dans quelque inſtant depuis neuf, & ſelon la ſeconde traduction à neuf heures, c'eſt le nombre cardinal qui ſuppoſe l'eſpace fini : & neuf heures ſuppoſe toutes les minutes écoulées qui compoſent la neuvieme heure. J'infere de tout cela qu'il ne faut pas tant s'arrêter aux paroles qu'au ſens renfermé deſſous, & qu'en cette occaſion, comme en beaucoup d'autres, on a raiſon de dire que la lettre tuë.

Je ne puis encore m'empêcher de répondre à la remarque que fait Leon. pag. 20. qu'en latin on peut mettre l'année à l'ablatif ou au genitif, & dire *Decimo tertio Maii anni* 1699. ou *anno* 1699. pour exprimer le 13. May de l'an 1699. qui eſt le jour auquel cette replique eſt achevée, ce qu'on ne pourroit pas, dit Leon. ſi l'an 1699. n'étoit pas l'année courante.

Quoique ceux de l'opinion contraire croient que c'eſt la mil ſept centiéme qui

court, ils s'expriment de même en latin ;
fans qu'on fe foit avifé de les citer pour
voir s'ils n'ont point peché contre les regles de la Grammaire, ils répondroient en
tout cas qu'ils entendent l'année courante
telle qu'elle foit, la mil fix cens quatre-
vingt dix-neuviéme commencée ou finie.
Voilà pourquoy on met ordinairement
anni decurrentis, quand on a mis la datte
une premiere fois.

Et pour tout dire en deux mots, quatre-
vingt dix-neuf, appartient il plus à mil
fix cent que le 15. Janvier à mil fix cent
quatre-vingt dix-neuf. Si le 15 Janvier n'appartient pas à l'an 99. parce que cette année eſt paſſée dés le premier Janvier dernier : quatre-vingt dix-neuf n'appartient
point à mil fix cent, parce que le feizié-
me fiécle eſt paſſé & fini dés l'an 1600.
ou felon les autres, dés 1601. on dit cependant l'an 1699. quoique nous foyons dans
le dix-feptiéme fiécle, pourquoy ne dira-
t-on pas auffi le 15. Janvier de l'an mil fix
cent quatre-vingt dix-neuf, quoique ce
foit le centiéme qui court. C'eſt une objection que j'ai leuë dans la Réponfe à la
Differtation, je ne vois pas qu'on y ait répondu, je croi qu'on auroit dû le faire,
plûtôt que d'aller pointiller fur des regles
de Grammaire.*

---

* *L'Auteur de la Queſtion decidée y a répondu. Sa réponfe
n'eſt point mauvaife.*

Remarques sur le cinquiéme Entretien entre Antonin & Leonore.

ANtonin se devoit contenter d'avoir dit que l'Auteur de la Lettre critique étoit trop emporté de traiter de foux & d'insensez ceux qui disent que l'an 1700. sera le premier du siecle prochain, sans ajoûter qu'il se met luy-même au rang des foux ; il ne faut jamais en disputant passer les loix de l'honnesteté, & encore moins celles de la charité, ni rendre injure pour injure. Veritablement c'est une grande absurdité de dire que le dix-septiéme siecle commencera dans le moment qu'on commencera à compter 1700. Quelle consequence est-ce là ? Le dix-septiéme siecle est prés de finir ; & ce sera ou en 1700. ou au plus tard au premier jour de 1701 ; commencera-t-il donc en 1700. pour finir en 1701 ? On voit bien que c'est un argument *ab absurdo* ; mais on ne voit pas bien comment cette absurdité suit, posé que le siecle commence en 1700. Malgré cette consequence indirecte, on n'approuve pas Leonore de traiter d'enfant un Bachelier en Theológie.

Antonin propose (page 24.) les raisons d'une nouvelle Dissertation faite en faveur de l'an mil sept cent par M.... Avocat en Parlement, qui suppose qu'on n'a commencé à compter la premiere année de l'Ere

Chrétienne que douze mois aprés la Naiſſance de Ieſus-Chriſt ; & par une ſuite ne-
ceſſaire, que dés qu'on commencera à compter mil ſept cent, la centiéme année ſera
complete.

Leonore répond que cette conſequence
n'eſt pas juſte, cela ſe dit aiſément, on ne
le montre pas de même. La raiſon de Leonore eſt que quoiqu'on ne compte un an
qu'aprés douze mois, on n'attend pas que
les douze mois ſoient finis pour compter
l'an premier. On ne compte un jour qu'-
aprés vingt-quatre heures. On compte
pourtant le premier jour avant que les
vingt-quatre heures ſoient écoulées.

Cette raiſon repetée & rebatuë ſi ſouvent, oblige auſſi à dire ce qu'on a déja
inſinué tant de fois, que ce ſens eſt équivoque, & que l'an, ou le jour qu'on compte ſe prend quelquefois pour un temps
fini & terminé, & d'autres fois pour le tems
qui coûle.

Ce que Leonore rapporte de Monſieur
de la Hyre n'eſt point contraire à l'autre
opinion : Il dit que l'Epoque vulgaire, ou,
ce qui eſt la même choſe, la premiere année de Ieſus-Chriſt commence au premier
Ianvier qui ſuit immediatement ſa Naiſſance, ce ſont les propres termes de Leon.
pag. 26. Si j'aimois à chicaner, je deman-
derois pourquoy cette premiere année de
Ieſus-Chriſt né en Decembre ne commence

que huit jours aprés fa Naiffance, ne vit-
il pas dans ces premiers huit jours ? cette
premiere année fera donc plus longue que
les autres de huit jours.

Parlons ferieufement. La premiere année de Iefus - Chrift commence depuis le
moment de fa Naiffance : oüi, c'eft bien
dit, elle commence : mais comme elle ne
fera pas complete qu'au bout des douze
mois écoulez, on ne commencera qu'en
ce tems-là à compter un an pour la com.
pofition du fiecle : mais auffi en comptant
un an, ce fera un an complet ; & quand
on comptera dix ans, ce feront dix ans complets ; & par la même raifon dés qu'on
comptera cent, ce feront cent ans complets.

Antonin fe laiffant ébloüir par les raifon-
nemens fpecieux de Leonore commence à
perdre l'efperance qu'il avoit de gagner,
fous pretexte que les raifons de M. . . .
Avocat en Parlement font bien foibles. Celle qu'il rapporte comme par maniere d'ac-
quit pag. 28. ne laiffe pas d'avoir fon me-
rite. Cet Auteur fuppofe que fi quelqu'un
a commencé à poffeder un heritage appar-
tenant à l'Eglife Romaine, s'il a commencé, dis-je, à poffeder le premier Ianvier
mil fix cent, la prefcription eft acquife le
premier Ianvier mil fept cent : d'où il con-
clut que les cent ans font accomplis dés
qu'on commence à compter mil fept cent,

Leonore beaucoup plus accommodant que de coûtume accorde tout l'argument, parce qu'il croit qu'il ne fait rien contre luy, (& en effet il semble qu'il y ait petition de principe) voilà pourquoy il poursuit sa pointe en ces termes. Il ne s'ensuit que le dix-septiéme siecle qui court, soit fini le premier Ianvier prochain, à moins que vous ne supposiez que l'an mil six cent a été le premier de ce siecle ; car Leonore & ses adherans conviennent que de mil six cent à mil sept cent, il y a cent ans accomplis ; & toute la difficulté est de sçavoir si ce siecle qui court, a commencé à l'an mil six cent, ou mil six cent un. L'Avocat Antagoniste de Leonore pretend que c'est à mil six cent, & sa pretention est juste, sur ces principes rebatus tant de fois, qu'on n'a compté un an depuis la Naissance de Iesus-Christ, qui est le commencement de l'Ere Chrétienne, qu'aprés douze mois. Cela étant, dés qu'on commence à compter cent, les cent ans sont complets, mil six cent, les mil six cent sont complets, & y ayant cent ans de mil six cent à mil sept cens, le siecle dix-septiéme de l'Eglise qui commence au premier Ianvier mil six cent, finit au premier Ianvier mil sept cent, & ce même jour commence le nouveau siecle qui est le dix-huitiéme.

Ie croi bien que c'est pour égayer la matiere & réjoüir les Lecteurs que Leonore a retorqué l'argument. Il y a, dit-il, cent ans de mil six cent trois à mil sept cent trois; donc mil sept cent trois sera la premiere année du siecle prochain : Ce n'est pas de cent ans précisément qu'il s'agit, mais du commencement du siecle, selon la Chronologie : toute la dispute se réduit à une des deux années seulement, ou mil sept cent ou mil sept cent un.

Antonin a intention de rapporter, pag. 30. les principales preuves d'une réponse faite à la premiere Dissertation : on ne voit pourtant point qu'il propose à son Leonore ce que cet Auteur répond à ceux qui objectent qu'on datte cette année mil six cent quatre-vingt-dix-neuf, & qu'ainsi elle n'est point finie. * Il oppose qu'on datte pour ce siecle courant, *mil six cent*. Ce n'est donc que le seizième siecle qui court, ou si c'est le dix-septiéme nonobstant la datte mil six cent, il n'y a pas d'obstacle que ce soit l'an mil sept cent qui coure, quoiqu'on datte & qu'on compte seulement mil six cent quatre-vingt-dix-neuf.

Mais lorsque des trois Chronologistes de nos jours citez par cet Auteur, Antonin s'arrête à un seul qui finit selon ses Tables Chonologiques, le premier siecle à la fin de quatre-vingt-dix-neuf ; Quelle sera la

---

* Il oppose mal, ce n'est point pour marquer le siecle qu'on met mil six cent, mais l'année, par exemple, 1699, parce qu'elle est la 99. depuis 1600.

réponse de Leonore ? 1. Il a peine à croire que cet Ecrivain finisse le premier siecle à quatre-vingt-dix neuf inclusivement, quoique l'Auteur de la réponse cite & l'ouvrage & la page ; car c'est conditionnellement que Leonore répond : *s'il finit le premier siecle*.

2. Il fait une réponse bien extraordinaire qui ne fait gueres d'honneur aux Chronologistes citez qui ne sont pas de son sentiment, mais qui ont suivi celui des plus sçavans sur ces matieres. Il les accuse de ne donner que quatre-vingt-dix neuf ans au premier siecle ; sont-ils à sçavoir le nombre des années qui composent un siecle ? s'ils l'ignoroient, quelle temerité seroit-ce d'entreprendre d'écrire l'histoire des siecles de l'Eglise ; & quelle raison auroient-ils de retrancher une année au premier, est-il moins siecle que les autres. Leonore pour approuver sa réponse n'auroit plus qu'à dire d'un air enjoüé *parum pro nihilo reputatur.* Le peu est reputé pour rien, en effet une année de moins au regard de cent est reputée pour rien. Si on luy objecte que la réponse n'est pas bien forte, il dira qu'on se sauve comme on peut.

Mais parlant serieusement, le point est de sçavoir si depuis la Naissance de Jesus-Christ jusqu'à la fin de quatre-vingt-dix-neuf, *je dis jusqu'à la fin*, il n'y a que quatre-vingt-dix-neuf ans, supposant, comme nous

nous l'avons dit plusieurs fois, qu'on a compté un an après douze mois. En effet au bout de ces douze mois, si l'on avoit demandé : Combien y a-t-il que Iesus-Christ est né ? On auroit dû répondre, il y a un an ; & avant que cette année fût accomplie, cette réponse auroit-elle été juste ? donc quatre-vingt-dix-neuf finissant ou le premier instant du jour suivant qu'on commence à compter cent, il y a cent ans complets ; & loin d'y manquer une année, il n'y manque pas un instant. Ie ne vois pas quel interest ces Chronologistes auroient eu de finir le premier siecle de l'Eglise à la fin de ce quatre-vingt-dix-neuf, plûtost qu'à la fin de cent. La veneration qu'on leur doit ne permet pas de penser qu'ils ayent peché en cela par ignorance. Leur sentiment dans ces matieres, sur tout pour un Ecclesiastique vaut bien ce qu'on apporte & de l'Astronomie & de l'Algebre.

Le Lecteur jugera par tout ce qui a été dit sur cette question, s'il est absolument & évidemment vray que ceux qui se declarent pour l'an mil sept cent un, ne soûtiennent que le party de la verité, ou plûtost s'il y a quelque fondement d'en douter. Ie conviens de bonne foy qu'il y a de la difficulté de part & d'autre ; j'en ay laissé quelques unes sans replique, parce que j'aurois été trop long. Si l'on ne trouve pas beaucoup de force dans les réponſes, on y trouvera au moins beaucoup de mo-deration & de reſpect pour les Auteurs quoiqu'inconnus.

PErmis d'imprimer. Fait ce 17. May 1699. DE VOYER D'ARGENSON.

A PARIS,

Chez JEAN MOREAU, rüe Galande, à l'Image S. Jean l'Evangeliſte. 1699.